essentials

Essentials liefern aktuelles Wissen in konzentrierter Form. Die Essenz dessen, worauf es als „State-of-the-Art" in der gegenwärtigen Fachdiskussion oder in der Praxis ankommt. Essentials informieren schnell, unkompliziert und verständlich - als Einführung in ein aktuelles Thema aus Ihrem Fachgebiet - als Einstieg in ein für Sie noch unbekanntes Themenfeld - als Einblick, um zum Thema mitreden zu können. Die Bücher in elektronischer und gedruckter Form bringen das Expertenwissen von Springer-Fachautoren kompakt zur Darstellung. Sie sind besonders für die Nutzung als eBook auf Tablet-PCs, eBook-Readern und Smartphones geeignet. Essentials: Wissensbausteine aus Wirtschaft und Gesellschaft, Medizin, Psychologie und Gesundheitsberufen, Technik und Naturwissenschaften. Von renommierten Autoren der Verlagsmarken Springer Gabler, Springer VS, Springer Medizin, Springer Spektrum, Springer Vieweg und Springer Psychologie.

Jürgen Bauer

Produktionslogistik/ Produktionssteuerung kompakt

Schneller Einstieg in die Produktionslogistik mit SAP-ERP

 Springer Vieweg

Jürgen Bauer
Hochschule Fulda
Fulda
Hessen
Deutschland

ISSN 2197-6708   ISSN 2197-6716 (electronic)
ISBN 978-3-658-05581-3   ISBN 978-3-658-05582-0 (eBook)
DOI 10.1007/978-3-658-05582-0

Die Deutsche Nationalbibliothek verzeichnet diese Publikation in der Deutschen Natio-
nalbibliografie; detaillierte bibliografische Daten sind im Internet über http://dnb.d-nb.de
abrufbar.

Springer Vieweg
© Springer Fachmedien Wiesbaden 2014

Gedruckt auf säurefreiem und chlorfrei gebleichtem Papier

Springer Vieweg ist eine Marke von Springer DE. Springer DE ist Teil der Fachverlagsgruppe
Springer Science+Business Media
www.springer-vieweg.de

Vorwort

Die Produktionslogistik ist eine zentrale Funktion im Industrieunternehmen, entscheidet sie doch über den effektiven Einsatz kapitalintensiver Betriebsmittel, qualifizierter Human Resources, die Kundenzufriedenheit und die Wirtschaftlichkeit der Geschäftsprozesse in der Produktion und in der Materialwirtschaft. Sie legt damit den Grundstein für den dauerhaften Unternehmenserfolg. Zum unverzichtbaren Instrumentarium des Produktionsmanagements gehört deshalb die Kenntnis des ERP-Einsatzes in den produktions- und materialwirtschaftlichen Prozessen. Der Fokus des kompakten Werkes liegt demzufolge auf einer übersichtlichen Darstellung der ERP-Anwendung in der gesamten Produktion. Die wichtigsten Planungstechniken in der Bedarfsermittlung, der Lagerbestandsführung, der Termin- und Kapazitätsplanung und der Produktkalkulation werden übersichtlich dargestellt. Praktikern und Studierenden bietet das Werk eine Einführung in die Produktionssteuerung und Materialplanung mit ERP. Basis des verwendeten ERP-Systems ist das weitverbreitete SAP® ERP-System in der noch verbreiteten Form R/3®, das aber aus Sicht der beschriebenen Anwendungen weitestgehend auch auf neue Releases wie ECC6.0® anwendbar ist. Da leistungsfähige ERP-Systeme in ihrer Funktionalität vergleichbare Methoden verwenden, dienen die Darstellungen auch den Anwendern anderer ERP-Systeme. Für eine vertiefte, an umfangreichen Fallbeispielen orientierte Darstellung wird auf das Buch des Verfassers „Produktionscontrolling mit SAP®-ERP" im gleichen Verlag verwiesen. Der vorinformierte Leser kann sich dort am Beispiel von SAP®ECC6.0 intensiv in das Produktions- und Materialmanagement einarbeiten.

Unterstützung und weitergehende Informationen bieten die Websites des Verfassers (siehe Literaturverzeichnis).

Asperg, 20. Juli 2014   Prof. Jürgen Bauer

Inhaltsverzeichnis

1 **Grundlagen der Produktionslogistik** 1
1.1   Strategische Bedeutung 1
1.2   Hauptaufgaben und Ziele der Produktionslogistik 2
1.3   Organisationstypen der Produktionslogistik 4
1.4   ERP-Systeme 8
    1.4.1   Module 8
    1.4.2   Informationstechnik zur Produktionslogistik 9
    1.4.3   Datenbasis 9
1.5   Prozesse in der Produktionslogistik 15

2 **Produktionslogistik mit ERP-Systemen** 17
2.1   Programmplanung 17
2.2   Materialplanung 18
    2.2.1   Bestandsplanung 18
    2.2.2   Bedarfsermittlung 21
2.3   Terminplanung 29
2.4   Kapazitätsplanung 34
2.5   Rückmeldung und Betriebsdatenerfassung 36
2.6   Materialfluss im Fertigungsprozess 38

3 **Supply Chain Management** 41

4 **Spezielle Steuerungsmethoden in der Produktionslogistik** 43
4.1   KANBAN-Fertigung 43
4.2   Belastungsorientierte Auftragsfreigabe 43
4.3   Steuerung mit Fortschrittszahlen 44

5 Kostenüberwachung und Wirtschaftlichkeitsrechnung 47
   5.1 Produktkalkulation 47
   5.2 Wirtschaftlichkeitsrechnung 49

6 Logistikcontrolling 51
   6.1 Durchlaufzeitcontrolling 51
   6.2 Lagercontrolling 53
   6.3 Auftragskontrolle 54

Literatur 57

Sachverzeichnis 59

Grundlagen der Produktionslogistik 1

1.1 Strategische Bedeutung

Die Produktionslogistik befasst sich mit der Planung und Steuerung der Waren- und Informationsflüsse im Unternehmen. Sie ist eingebettet in eine umfassende Lieferkette (Supply Chain), bestehend aus Beschaffungs-, Produktions- und Vertriebslogistik (Abb. 1.1).

Die Produktionslogistik ist eine wesentliche Voraussetzung für den Unternehmenserfolg. Aus der **Finanzperspektive** (vgl. Kaplan und Norton 1996) des Unternehmens fördert eine effektive Produktionslogistik wichtige Erfolgsgrößen im Unternehmen wie

- Unternehmensgewinn
- Kapitalrendite
- Liquidität.

J. Bauer, *Produktionslogistik/Produktionssteuerung kompakt,* essentials,
DOI 10.1007/978-3-658-05582-0_1, © Springer Fachmedien Wiesbaden 2014

Abb. 1.1 Produktions-
logistik in der Lieferkette

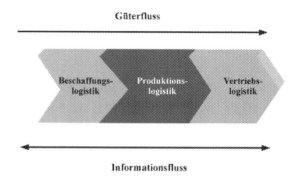

Aus der **Kundenperspektive** beeinflusst sie die Erfolgsgrößen

• Kundenbindung
• Kundenzufriedenheit
• Neukundengewinnung.

Aus der Sicht der am **Produktionsprozess** beteiligten Mitarbeiter und Mitarbeiterinnen hat sie wesentlichen Einfluss auf die

• Arbeitszufriedenheit
• Motivation.

Es ist das Bestreben der Produktionslogistik, diesen Erfolgsbeitrag durch effiziente Steuerung und Kontrolle der Abläufe zu sichern. Eine Schlüsselrolle kommt dabei der betrieblichen Informationstechnik, insbesondere den Softwaresystemen zur Produktionslogistik zu.

1.2   Hauptaufgaben und Ziele der Produktionslogistik

Welches sind die Hauptaufgaben der Produktionslogistik? (Abb. 1.2).
Die **Programmplanung** stellt aus einem gegebenen Produktsortiment die monatlich bzw. jährlich zu fertigenden Produktmengen zusammen. Dies erfolgt in enger Zusammenarbeit mit dem Vertrieb. Die **Materialplanung** sorgt für die Lagerung und Bereitstellung der benötigten Materialien (Baugruppen, Einzelteile, Rohstoffe). Die **Terminplanung** ermittelt Liefer- und Fertigungstermine

Abb. 1.2 Hauptaufgaben der Produktionslogistik

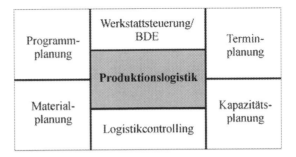

im Produktionsvollzug. Aufgabe der **Kapazitätsplanung** ist die Verwaltung und Abstimmung der Kapazitätsbelegung der Betriebsmittel. Die **Rückmeldung** der Betriebsdaten dient der laufenden Werkstattsteuerung durch Betriebsdatenerfassung (BDE) und sorgt für die Transparenz des Betriebsgeschehens und der Fertigungsprozesse. **Logistikcontrolling** befasst sich mit der Planung und Überwachung der Produktionsabläufe im Hinblick auf deren Optimierungsziele.

Die Aufgaben werden in Kap. 2 näher beschrieben.

Der geforderte Erfolgsbeitrag der Produktionslogistik aus Finanz-, Kunden- und Prozesssicht erfordert handhabbare Ziele für die Logistiker und Produktionsmitarbeiter vor Ort, die einerseits prozessgeeignet, andererseits auch strategisch kompatibel (verträglich) sind.

Eine effektive, an den genannten Erfolgsfaktoren ausgerichtete Produktionslogistik strebt ein Bündel von Zielen an, die sich in Zeit-, Mengen- und Finanzziele strukturieren lassen (Abb. 1.3):

Wegen der fundamentalen Bedeutung für den Unternehmensbestand haben Finanzziele Vorrang vor den Zeit- und Mengenzielen.

Beispiel

Maßnahmen zur Termineinhaltung für einen kleineren Kunden sind dann nicht sinnvoll, wenn dabei unangemessen hohe Kosten, z. B. durch hohe Überstundenzuschläge entstehen, die in keinem Verhältnis zum Kundenprofit stehen. Oder die Lieferfähigkeit wird durch einen sehr hohen Lagerbestand erkauft, dessen Kosten auf dem Markt nicht zurückverdient werden.

Die Zielgrößen werden im Rahmen der Teilprozesse der Produktionslogistik näher erläutert.

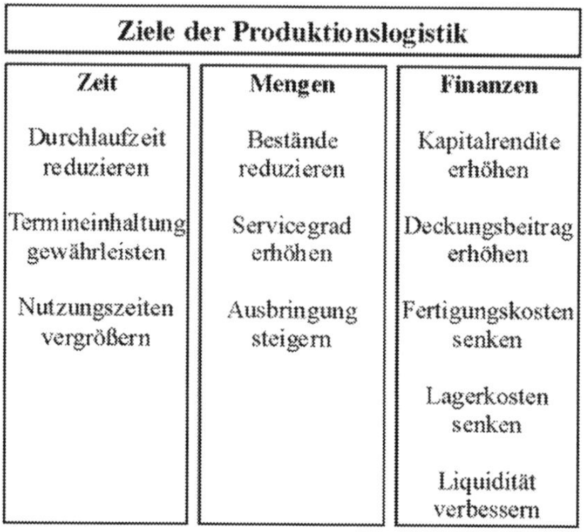

Ziele der Produktionslogistik		
Zeit	**Mengen**	**Finanzen**
Durchlaufzeit reduzieren	Bestände reduzieren	Kapitalrendite erhöhen
Termineinhaltung gewährleisten	Servicegrad erhöhen	Deckungsbeitrag erhöhen
Nutzungszeiten vergrößern	Ausbringung steigern	Fertigungskosten senken
		Lagerkosten senken
		Liquidität verbessern

Abb. 1.3 Ziele der Produktionslogistik

Bei der Zielverfolgung wird der Produktionslogistiker mit dem **Dilemma der Materialwirtschaft** konfrontiert:

Verfolgt die Logistik im Unternehmen eine hohe Lieferbereitschaft des Lagers (Servicegrad) mit Hilfe von hohen Lagerbeständen, so sind die Nachfrager (Verbraucher) zufrieden, die Liquidität nimmt jedoch ab bei gleichzeitig steigenden Lagerkosten. Umgekehrt führt eine Politik der knappen Bestände unter Umständen zu verschlechtertem Servicegrad und unzufriedenen Kunden. Es ist Aufgabe der Logistik, dieses Dilemma durch geeignete Maßnahmen (z. B. just in time, verbesserte Logistiksteuerung) zu vermeiden bzw. abzumildern.

1.3 Organisationstypen der Produktionslogistik

Die Aufgaben der Produktionslogistik werden wesentlich durch ihre Organisationstypen bestimmt. Einflussgrößen sind

- die Fertigungsart
- die Dispositionsart
- das Fertigungssystem
- die Produktart (Abb. 1.4).

Fertigungsart	Einzelfertigung (z.b. Anlagenbau)	Losfertigung (z.b. Werkzeugmaschinenbau)	Massenfertigung (z.b. PKW-Montage)
Dispositionsart	Kundenauftrag erfüllen (make to order)	Lagerbestand auffüllen (make to stock)	Programmplanung Vertrieb erfüllen
Fertigungssystem	Einzelmaschinen	Fertigungssegment Fertigungszelle FFS, AS	Fertigungslinie
Produktart	Diskret einstufig (z.b. Motorenteile)	Diskret mehrstufig (z.b. Flugzeugbau)	Stetige Produkte (z.b. Chemieprodukte)

Abb. 1.4 Organisationstypen der Produktionslogistik

Die Auftragsabwicklung kann als Einmalauftrag in Einzelfertigung erfolgen. Diese ist gekennzeichnet durch einen hohen Grad an Improvisation. Der Einsatz von ERP-Systemen ist wegen der Variabilität und oft auch Unvollständigkeit der Daten schwierig zu bewerkstelligen. Bei Losfertigung werden gleichbleibende bzw. variierende Produkte in Losen, verteilt über den Bedarfszeitraum (Jahr, Quartal) immer wieder gefertigt. Dies ist die im Maschinenbau vorherrschende Auftragsart. Bei Massenfertigung sind große Stückzahlen an ähnlichen Produkten auf speziellen Einrichtungen zu fertigen. Hier ist eine große Stetigkeit der Daten und der Fertigungsprozesse gegeben, der ERP-Einsatz einfacher zu bewerkstelligen als bei Einzelfertigung.

Die Disposition, d.h. die Deckung des Mengenbedarfs, kann kundenbezogen (der Auftrag wird speziell für den Kunden gefertigt) oder kundenanonym erfolgen. Im letzteren Fall wird auf Lager gefertigt oder es wird ein Vertriebsprogramm ohne Ausweisung der Kunden gedeckt. Der Kunde erhält dann seine Produkte vom Vertriebslager, das zuvor aufzufüllen ist. Kundenbezogene Fertigung wird als make to order, kundenanonyme Fertigung als make to stock bezeichnet.

Die Produktion erfolgt je nach Fertigungssystem im Layoutprinzip

- der Werkstatt- bzw. Verrichtungsfertigung
- der Inselfertigung
- oder der Linienfertigung.

Im **Werkstattprinzip** werden dabei gleichartige Einzelmaschinen (z. B. Fräsmaschinen, Drehmaschinen) zu Gruppen zusammengestellt. Die Art der Maschine (Fräsmaschine, Drehmaschine ...) bestimmt deren Anordnung in der Fertigung (layout by machine). Da die Maschinenaufstellung wenig Rücksicht auf den Teiledurchlauf nimmt, ergeben sich lange Durchlaufzeiten der Aufträge, die Fertigungssteuerung ist insgesamt schwierig durchzuführen. Zu finden ist diese Layoutform vorwiegend im Anlagenbau und überall dort, wo Kleinserienfertigung vorherrscht.

Abb. 1.5 Flexibles Fertigungssystem (Waldrich Coburg)

Die **Inselfertigung** kann auf 3 Arten erfolgen:

• Als sogenanntes **Flexibles Fertigungssystem** (FFS), bei dem mehrere CNC-Maschinen zusammengestellt, durch ein automatisches Transportsystem (Palettenfördersystem oder fahrerloses Transportsystem) mit Rüstplätzen und Messplätzen verknüpft und durch einen Leitrechner gesteuert werden (Abb. 1.5). Für die Produktionslogistik bedeutet dies geringe Durchlaufzeiten und in der Regel eine hohe Ausbringung, da die Produktionsmaschinen von nicht wertschöpfenden Rüstvorgängen entlastet sind. Flexible Fertigungssysteme können darüber hinaus als sehr kundenfreundlich klassifiziert werden, da sie auf produktbezogene Kundenwünsche schnell reagieren können.
• Als **Fertigungszelle**, bestehend aus CNC-gesteuerten typisierten Maschinen, die rasch vervielfacht, aber auch in andere Abteilungen umgesetzt werden können. Wegen dieser Eigenschaft werden sie auch als Agile Fertigungssysteme (AS) bezeichnet.
• Als **Fertigungssegment**, bei dem die Maschinen einer Teilegruppe (z. B. Getriebewellen) zu relativ autonomen Fertigungsinseln zusammengestellt werden. Diesen Fertigungssegmenten wird dann Kostenverantwortung (Cost Center) oder sogar Ergebnisverantwortung (Profit Center) zugestanden. Sie sind in der Lage, den Arbeitsablauf und die Materialversorgung selbst zu planen (Selbstdisposition) und sowohl Produkte als auch die Wirtschaftlichkeit selbst zu kontrollieren (Selbstkontrolle). Die Mitarbeiter im Fertigungssegment übernehmen eine Reihe von Aufgaben der Produktionslogistik.

Abb. 1.6 Agiles Fertigungssystem (Hüller-Hille GmbH)

Stetige Fertigung beschreibt die ununterbrochene Produktion eines Artikels, z. B. in der Form der Linien- bzw. Fliessbandfertigung (z. B. PKW-Fertigung), aber auch in der chemischen Industrie als kontinuierlicher Output von Kosmetika, Pharmaprodukten usw.

Neben dem klassischen Fliessband (Montageband) zählt auch die Transferstrasse zur stetigen Fertigung. Eine neuere Form der diskreten Fertigung stellen die erwähnten Fertigungssysteme dar. Fertigungszellen übernehmen die kontinuierliche Produktion von Werkstücken. Die Agilität wird dabei durch Anbau weiterer Fertigungszellen reagiert. Beispielhaft für diese Form ist die Fertigung von Motorblöcken in der Automobilindustrie (Abb. 1.6). Hier steht ein möglichst hoher Ausstoß im Vordergrund. Durch flexiblen Anbau weiterer Produktionssysteme kann schnell auf steigende Produktionszahlen reagiert werden.

Nach der Produktart kann unterschieden werden in diskrete (stückbezogene) und stetige Produkte. Einstufige diskrete Produkte sind Teile ohne Komponenten, vertreten z. B. in der Zulieferindustrie (Kurbelwellen, Zahnräder usw.). Mehrstufige Produkte dominieren wiederum im Maschinen- oder auch im Flugzeugbau. Sie stellen aufgrund der Komplexität hohe Anforderungen an die Produktionslogistik, insbesondere an die Terminplanung. Die Fertigung stetiger Produkte ist insbesondere in der Chemie und Verfahrenstechnik zu finden. Hier erfolgt die Produktion durch Mischung von nicht stückbezogenen Eingangsstoffen auf speziellen Anlagen. Die Probleme in der stetigen Fertigung liegen eher in der produktionssynchronen Materialplanung und -bereitstellung.

Im Folgenden wird deshalb die Losfertigung mehrstufiger Produkte zur Lagerdeckung in den Mittelpunkt gestellt. Sie ist der in der Metall- und Elektroindustrie dominierende Logistiktyp.

1.4   ERP-Systeme

Die Steuerung und Überwachung der Produktionsabläufe mit den verbundenen material- und produktionswirtschaftlichen Entscheidungen würde eine manuelle Organisation bei weitem überfordern. ERP-Systeme (Enterprise-Resource-Planning) bilden deshalb das Rückgrat der Produktionslogistik.

1.4.1   Module

ERP-Systeme finden ihr Einsatzgebiet in der umfassenden Planung und Überwachung der Ressourcen

- Material
- Maschine
- Mensch
- Finanzen
- Information.

Gegenüber den in der Praxis noch anzutreffenden PPS-Systemen (Produktionsplanungs- und -steuerungssystemen), deren Aufgabe vorwiegend auf die Planung der Ressourcen *Material und Maschine* begrenzt ist, haben sie den entscheidenden Vorteil einer Integration aller Prozesse des Unternehmens.

Demzufolge verfügen ERP-Systeme über eine Vielzahl von Softwaremodulen für jeden denkbaren Funktionsbereich im Unternehmen, dargestellt am Beispiel des ERP-Systems SAP R/3 (Abb. 1.7): ERP-Systeme sind mittlerweile in allen Branchen vom Maschinenbau über die Autoindustrie, Pharmaunternehmen, Elektroindustrie bis zu Dienstleistungs- und Gesundheitsunternehmen im Einsatz. Ihr

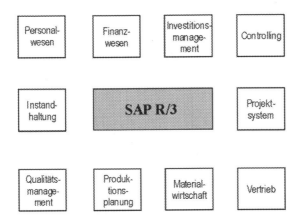

Abb. 1.7 Module des ERP-Systems SAP® R/3®

Verbreitungsgrad in größeren Industrieunternehmen ab ca. 1000 Beschäftigten liegt bei nahezu 100 %. Für den Produktions- und Materialmanager gehören sie zum täglichen Arbeitswerkzeug.

1.4.2 Informationstechnik zur Produktionslogistik

ERP-Systeme bedürfen einer leistungsfähigen Vernetzung der Rechner in Produktion und Verwaltung (Abb. 1.8). In der Planungsebene erfolgt die Auftragsverwaltung. In der Leitebene wird der Fertigungsablauf koordiniert und überwacht. In der shop-floor-Ebene erfolgt die Steuerung der Maschinen. Zwischen allen Ebenen ist ein zeitaktueller Informationsaustausch gewährleistet.

1.4.3 Datenbasis

Die einzelnen Module des ERP-Systems greifen auf einen umfangreichen Datenbestand zu, bestehend aus Stammdaten und Bewegungsdaten. Erst mit einem aktuellen und möglichst vollständigen Datenbestand ist das ERP-System arbeitsfähig. Der Pflege dieser Daten kommt deshalb eine besondere Bedeutung für die Qualität der Produktionslogistik zu.

Zu den **Stammdaten** der Produktionslogistik gehören (Abb. 1.9).

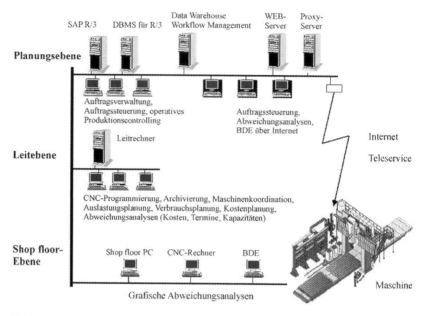

Abb. 1.8 Informationstechnik in der Produktionslogistik. (Bauer 2012)

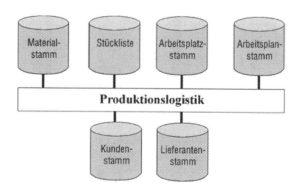

Abb. 1.9 Stammdaten der Produktionslogistik

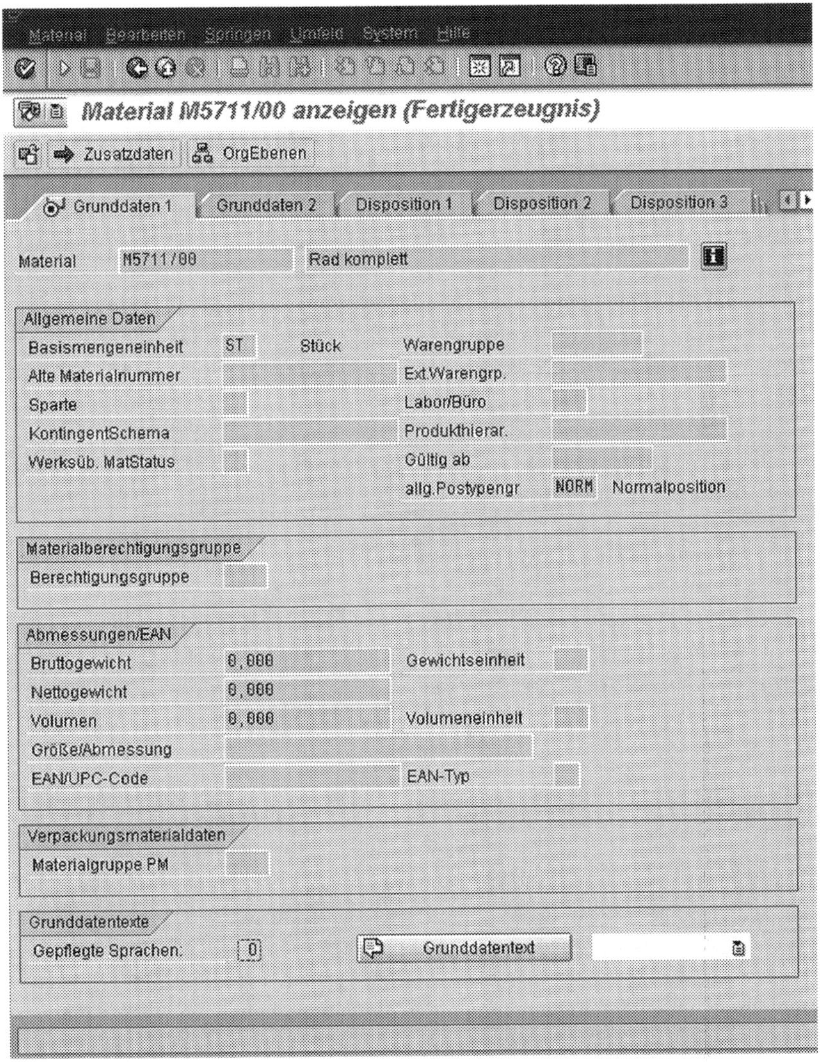

Abb. 1.10 Artikelstamm (SAP)

Lieferanten- und Kundenstamm sind für die Produktionslogistik Stammdaten im weiteren Sinne. Sie erhalten ihre Bedeutung insbesondere bei kundenbezogener Fertigung und bei Fremdvergabe von Produktionsleistungen.

Der **Artikelstamm** (Materialstamm, Teilestamm) enthält die Daten der Endprodukte, Baugruppen, Einzelteile und Werkstoffe. Beispiele sind die Teilenummer, Bezeichnung, DIN-Nummer, Lagerplatz, Bestandsdaten, Kalkulationsdaten, bevorzugte Losgröße (Abb. 1.10).

Der Artikelstamm ist die wichtigste Stammdatei. Alle betrieblichen Funktionsbereiche greifen darauf zu.

Die **Stückliste** (bei chemischer Produktion als Rezeptur bezeichnet) zeigt den Aufbau einer Baugruppe. Sie hat neben der Funktion als Datenträger in der Konstruktion auch zentrale Bedeutung für die Materialplanung (Beschaffung und Disposition) und die Montage. Abbildung 1.11 zeigt eine Beispielstückliste für ein Komplettrad, bestehend aus Felgen, Reifen und Schrauben. Die Stücklisten werden bis auf die Einzelteile ausgedehnt, bestehend dann aus dem Ausgangswerkstoff. Abbildung 1.12 zeigt dazu die Stückliste für die Felge, bestehend aus dem Bandstahl S420MC.

Der **Arbeitsplatz** enthält vor allem die Daten eines Arbeitsplatzes (Handarbeitsplatz, Maschine), beispielsweise die Kapazitätsdaten, aber auch Angaben über zu verwendende Werkzeuge, die Lohnart und die betreffende Kostenstelle. Im Arbeitsplatzstamm legt der Planungsmitarbeiter ferner die verfügbare Kapazität in Form der Arbeitszeit fest (Abb. 1.12 und 1.13).

Hier wird auch der Nutzungsgrad der Maschine eingestellt, der wegen Reparaturen und weiterer Störungen hier 90 % beträgt.

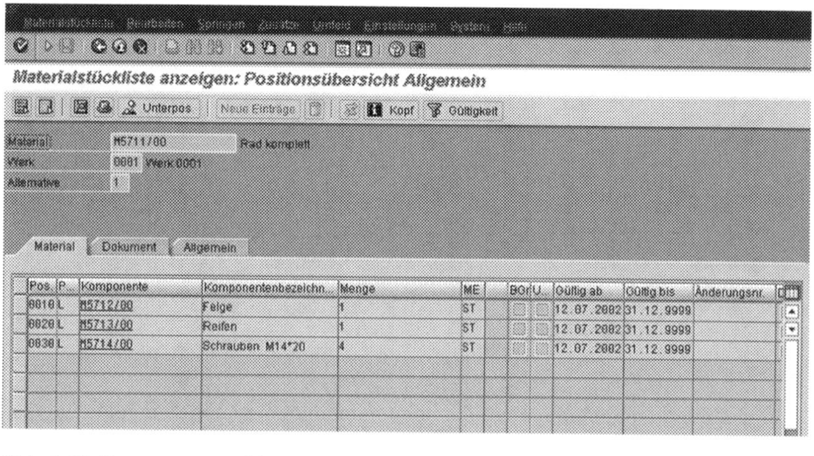

Abb. 1.11 Baugruppenstückliste Fertigerzeugnis (SAP)

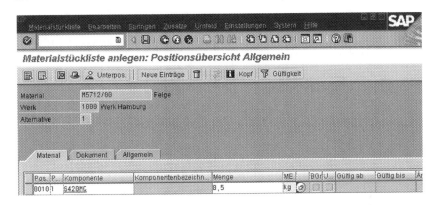

Abb. 1.12 Rohstoffstückliste Einzelteil (SAP)

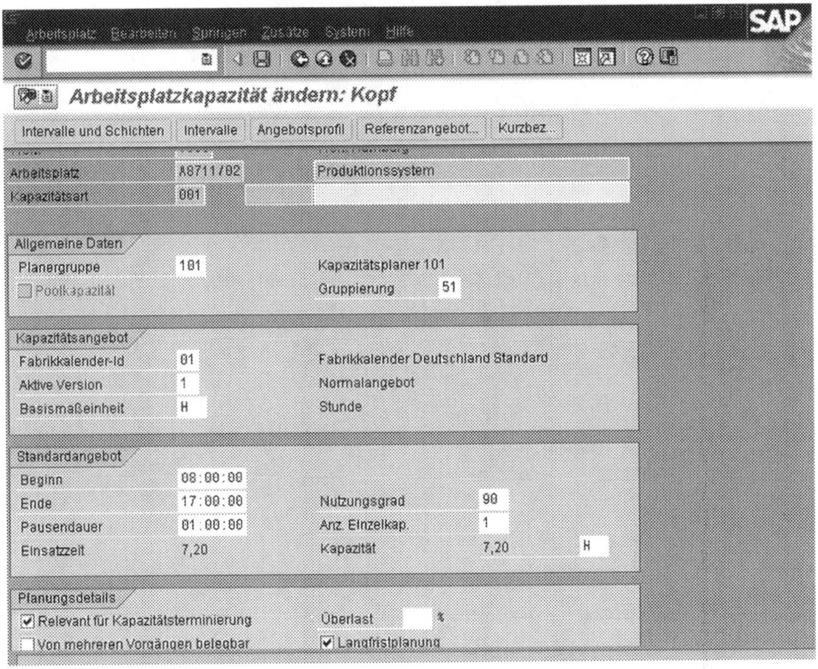

Abb. 1.13 Arbeitsplatzstamm (SAP)

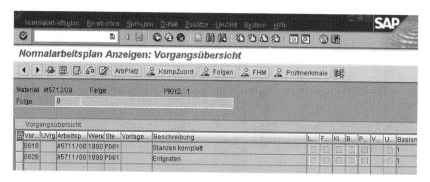

Abb. 1.14 Arbeitsplan mit Vorgängen (SAP)

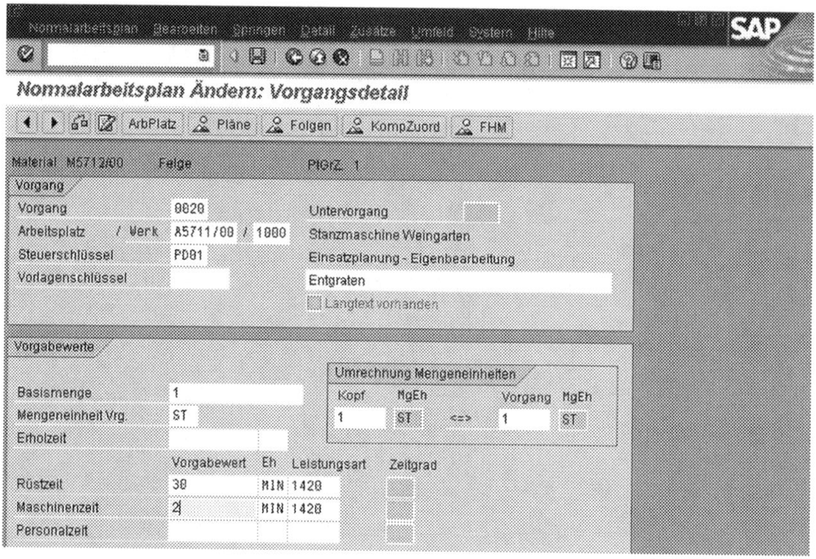

Abb. 1.15 Arbeitsplan mit Fertigungszeiten (SAP)

Der **Arbeitsplan** ist die Fertigungsvorschrift einer eigengefertigten Baugruppe bzw. Teiles (Abb. 1.14). Arbeitsgangweise sind hier der belegte Arbeitsplatz (A5711/00) und die Bezeichnungen der Arbeitsgänge festgehalten.

Die Rüstzeit und die Fertigungszeit/Stück (Maschinenzeit) wird in einer weiteren Maske (Abb. 1.15) eingegeben, ferner der Beschäftigungsmaßstab, hier die Maschinenstunden (SAP-Abkürzung 1420).

Von den Stammdaten zu unterscheiden sind die **Bewegungsdaten** im ERP-System, d. h. Daten, die einer häufigen Veränderung unterworfen sind. Hier sind zu nennen:

- Kundenaufträge
- Fertigungsaufträge (siehe Abb. 2.13)
- Bestellungen an Lieferanten

Sie werden vom System generiert und nach Abwicklung und Archivierung wieder gelöscht.

1.5 Prozesse in der Produktionslogistik

Üblicherweise wird die Produktionslogistik aus Prozesssicht betrachtet. Diese Prozesse charakterisieren die operativen Aufgaben der Produktionslogistik im Verlauf der Auftragsabwicklung (Abb. 1.16).

Bei Fremdbezugsteilen erfolgt nach der Bedarfsermittlung die Übergabe an den Einkauf in Form von Bestellanforderungen für die Kaufteile.

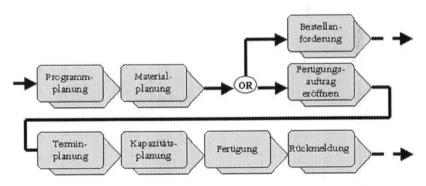

Abb. 1.16 Prozesse der Produktionslogistik (OR = Oder-Verzweigung zwischen Kauf- und Eigenfertigungsteilen)

Produktionslogistik mit ERP-Systemen 2

Im Folgenden werden die Teilprozesse der Produktionslogistik bei Eigenfertigung unter Einsatz des ERP-Systems SAP R/3 beschrieben. Dabei wird die häufigste Fertigungsart, die kundenanonyme Losfertigung, zugrundegelegt.

2.1 Programmplanung

Ausgangspunkt für die Programmplanung ist der Absatzplan, erstellt aufgrund der eingegangenen Kundenaufträge für die verkaufsfähigen Produkte, dem sogenannten **Primärbedarf**. Sind die Kundenaufträge zum Zeitpunkt der Programmplanung noch nicht bekannt bzw. wird generell ohne Kundenbezug und ab Lager geliefert (kundenanonyme Fertigung), so tritt an die Stelle des Kundenbedarfs ein Absatzplan mit den pro Planungsperiode (Tag, Woche, Monat) geplanten Stückzahlen pro Produkt. Im Anschluss an diesen Absatzplan wird – gemeinsam von Vertrieb und Produktion – das **Produktionsprogramm** geplant. Es enthält die zu produzierenden, verkaufsfähigen Produkte.

Beispiel

Der Radhersteller plant entsprechend den Abatzerwartungen 2000 Räder komplett entsprechend Abb. 2.1 ein.

In dem Bild ist das Endprodukt Rad komplett mit der Materialnummer (linke Spalte) und den Stückzahlen 2000, lieferbar zum 30.1.2006, eingeplant.

J. Bauer, *Produktionslogistik/Produktionssteuerung kompakt,* essentials,
DOI 10.1007/978-3-658-05582-0_2, © Springer Fachmedien Wiesbaden 2014

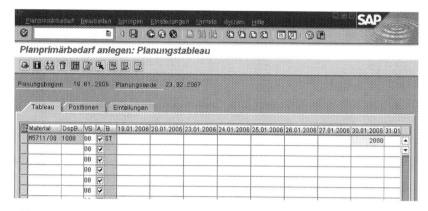

Abb. 2.1 Programmplanung (SAP)

2.2   Materialplanung

Im Rahmen der Materialplanung sind die Lagerbestände zu planen und zu überwachen und der Materialbedarf (Baugruppen und Einzelteile) für die in der Programmplanung festgelegten verkaufsfähigen Produkte zu errechnen.

2.2.1   Bestandsplanung

Läger haben im Produktionsablauf vorrangig die Funktion des Ausgleichs zwischen Angebot und Nachfrage, also eine Pufferfunktion. Läger sind positioniert als Wareneingangslager, als Zwischenlager (z. B. zwischen Teilefertigung und Montage) und als Fertiglager am Ende der Montage. Grundsätzlich können 2 Organisationsformen der Lagerung unterschieden werden:

• die systematische Lagerung mit festem Lagerort pro Teil
• die chaotische Lagerung mit wechselndem Lagerort pro Teil.

Die chaotische Lagerung erlaubt eine gute Platzausnutzung, bedarf aber einer Lagerortverwaltung mit EDV, wie sie z. B. in ERP-Systemen enthalten ist.
    Grundlage der **Bestandsplanung** ist das Bestandsdiagramm für einen Artikel. Es zeigt die Bestandssituation eines Lagerplatzes.

Im Beispiel aus der Sicht des PKW-Herstellers:

Beispiel

Vor der Endmontage von PKWs liegen im Teilelager 2000 Räder komplett (jeweils bestehend aus Reifen, Felgen, 4 Radmuttern). Täglich sollen Vtag = 500 Räder montiert werden bei 5 Arbeitstagen/Woche. Der Mindestbestand, reserviert für Lieferstörungen aller Art, betrage 2 Tagesproduktionen, also Bmin = 1000 Räder. Es soll zunächst wöchentlich nachbestellt werden. Der Wert pro Rad komplett beträgt p = 50 €. Das Bestandsdiagramm (Abb. 2.2):

Der Höchstbestand im Lager beträgt (zum Zeitpunkt der Auffüllung) 3500 Stück. Der Mindestbestand wird unmittelbar vor dem Wiederauffüllen des Lagers erreicht (1000 Stück). Die Bestellmenge Bbestell = 2500 Stück.

Im Durchschnitt sind am Lager:

$$Bdurch = Bmin + Bbestell/2$$

Im Beispiel also 1000 + 2500/2 = 2250 Stück

Das durchschnittlich gebundene Kapital beträgt

$$Kdurch = Bdurch \cdot p$$

Im Beispiel also 2250 \cdot 50 € = 112.500 €

Üblicherweise geht man von einem Lagerkostensatz von L = 15–20 % pro Jahr aus, enthaltend die Zinskosten, Personalkosten, Kosten für Lagereinrichtung usw. Die Lagerkosten pro Jahr betragen damit

$$Klager = Kdurch \cdot L/100$$

Im Beispiel ergeben sich dann bei 20 % Lagerkostensatz jährliche Lagerkosten von

$$Klager = 112.500 \cdot 20/100 = 22.500 €/Jahr$$

Abb. 2.2 Bestandsdiagramm

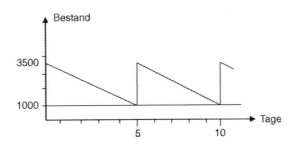

Eine weitere wichtige Kennzahl zur Beurteilung der Bestandsführung ist die Umschlagshäufigkeit U:

$$U = Vtag \cdot Ntag/Bdurch$$

Mit Vtag = Tagesverbrauch, Ntag = Anzahl Verbrauchstage im Jahr.

Im Beispiel ergibt sich bei angenommenen 250 Verbrauchstagen eine Umschlagshäufigkeit von

$$U = 500 * 250/2250 = 56$$

Eine hohe Umschlagshäufigkeit ist Kennzeichen einer rationellen Bestandsführung. Bei sogenannten Lagerhütern geht der Verbrauch bis auf Null zurück, die Umschlagshäufigkeit geht gegen Null.

Die bevorzugte Maßnahme für eine rationelle Bestandsführung ist die **just in time-Anlieferung** (JIT). Dazu wird ein jährliches Liefervolumen vereinbart (Vorteil: Großmengenrabatte bleiben erhalten) und dann z. B. täglich oder halbtägig beim Lieferanten abgerufen (Abb. 2.3). Die Kosteneinsparung im Beispiel:

Der durchschnittliche Bestand sinkt durch JIT mit täglichem Aufruf im Beispiel auf

$$1000 + 500/2 = 1250 \, Stück$$

Das gebundene Kapital nun:

$$1250 \cdot 50 \, € = 62.500 \, €$$

und die Lagerkosten/Jahr betragen

$$62.500 \cdot 20/100 = 12.500 \, €/Jahr$$

Das Unternehmen benötigt in der Folge weniger Kapital, die finanzielle Abhängigkeit wird verringert und die Kosten gesenkt. Dies erklärt die weite Verbreitung von JIT, auch wenn dem ein erhöhter Transportaufwand und eine größere Störanfälligkeit gegenübersteht.

Abb. 2.3 Bestands-
diagramm, JIT-Bestände
dunkel

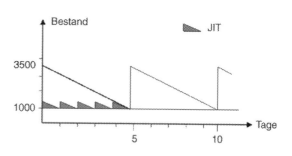

Neben der im Lagerdiagramm dargestellten festen Bestellmenge und Bestell-rhythmus sind weitere Bestellstrategien mit variabler Bestellmenge bzw. variablem Bestellrhythmus möglich, beinhalten allerdings einen erhöhten Planungsaufwand. Sie werden hier nicht behandelt.

Die Überwachung und Verbuchung der Lagerzugänge, Lagerabgänge und die Bestandsauswertungen erfolgen mit dem ERP-System.

2.2.2 Bedarfsermittlung

In der **Bedarfsermittlung** werden die in der Programmplanung erstellten Be-darfszahlen der Endprodukte herangezogen (Bruttoprimärbedarf). Anschließend wird der verfügbare Lagerbestand an Endprodukten abgezogen. Die dann noch zu produzierende Menge an Endprodukten wird als Nettoprimärbedarf bezeich-net. Nun erfolgt die sogenannte Stücklistenauflösung. Entsprechend der Angabe in der Stückliste wird für jede Komponente (Einzelteil, untergeordnete Baugruppe) die erforderliche Bruttomenge errechnet. Nach Abzug des jeweiligen verfügba-ren Lagerbestandes erhält man die Nettomenge an Einzelteilen und Baugruppen, die dann noch zu fertigen bzw. zu beschaffen sind (Nettosekundärbedarf). Die so ermittelten Stückzahlen gehen als Bestellanforderungen an den Einkauf (bei Fremdbezugsteilen) bzw. als Fertigungsauftrag an die Produktion (Abb. 2.4).

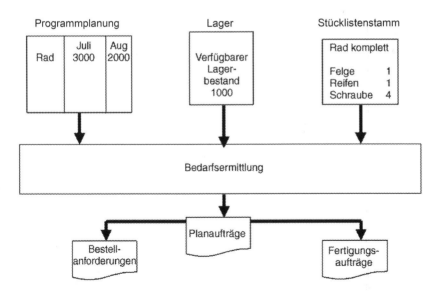

Abb. 2.4 Bedarfsplanung.mit.Stücklistenauflösung

Beispiel

Werden laut Programmplanung am 30.1.06 2000 Räder komplett benötigt und sind von den kompletten Rädern ab Lager noch 1000 Stück verfügbar, zudem 200 Felgen, 300 Reifen, 800 Schrauben, so ergibt sich folgender Teilebedarf (Sekundärbedarf):

Position	Bedarf brutto	Verfügbarer Bestand	Bedarf netto	Fertigen bzw. kaufen
Rad komplett	2000	1000	1000	1000
Felge	1000	200	800	800
Reifen	1000	300	700	700
Schrauben	4000	800	3200	3200

Es sind somit 1000 Räder komplett zu montieren, 800 Felgen und 700 Reifen zu fertigen und 3200 Schrauben zu beschaffen. Die ermittelten Mengen werden allerdings mit den wirtschaftlichen Losgrößen bzw. Bestellmengen abgestimmt (Zusammenfassung mit anderen Bedarfszahlen).

Die Losgrößen bzw. Bestellmengen können dazu im Artikelstamm eingegeben werden (Standardlosgrößen), aber auch mit den üblichen Losgrößenverfahren ermittelt werden (z. B. nach der Andlerschen Formel oder nach der gleitenden wirtschaftlichen Losgröße).

Im Rahmen der Bedarfsermittlung erfolgt gleichzeitig eine sogenannte **Bedarfsterminierung**. Das ERP-System nimmt dazu den Liefertermin aus der Programmtabelle und rechnet von diesem aus rückwärts über die Komponenten laut Stücklistenstruktur. Dazu werden die im Materialstamm pro Teil hinterlegten Planlieferzeiten (Wiederbeschaffungszeiten) herangezogen.

Beispiel

Die Lieferung eines Loses an Kompletträdern soll am Freitag abend erfolgen, damit der Bedarfstermin laut Abb. 2.1 am 30.1.06 (Montag früh) erfüllt wird. Die Planlieferzeiten:

Rad Komplett (Montage)	2 Tage
Reifen (Fertigung)	2 Tag
Felgen (Fertigung)	3 Tage
Schrauben (Beschaffung)	1 Tag

Abb. 2.5 Balken-
diagramm

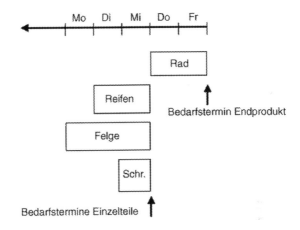

Die errechneten Bedarfstermine (Abb. 2.5):
Die Felge (terminkritisch) muss am Montag früh begonnen und am Mittwoch abend fertiggestellt sein (Bedarfstermin). Dies ist auch der späteste Bedarfstermin für die Reifen und die Schrauben.

Die Termine sind Start- bzw. Endzeitpunkte für die aus der Bedarfsermittlung abgeleiteten Fertigungsaufträge bzw. Bestellanforderungen. Da sie auf den geschätzten Planlieferzeiten im Materialstamm beruhen, die Kapazitätssituation in der Produktion und beim Lieferanten nicht berücksichtigen, werden sie auch als Grobtermine, das Verfahren als **Grobterminierung** bezeichnet. Eine genauere Terminierung (Feinterminierung) erfolgt dann bei der Termin- und Kapazitätsplanung des Fertigungsauftrages (siehe 2.3 und 2.4).

Die im Balkendiagramm dargestellte Terminierung ist auch im Netzplan durchführbar (Abb. 2.6). Die Fertigung bzw. Beschaffung eines Teils wird dabei als Knoten dargestellt. Links über den Knoten steht dabei der früheste Start des Vorganges, wenn zum Zeitpunkt 0 begonnen wird. Die Auftragsdauer wird durch Vorwärtsaddition der Einzeldauern des längsten Pfades (kritischer Pfad) errechnet und beträgt im Beispiel 5 Tage.

Wird also am Montag morgen begonnen, ist der Auftrag am Freitag abend lieferbar (frühester Liefertermin = FLT). Dieser Termin wird mit dem Wunschtermin des Kunden verglichen (spätester Liefertermin = SLT). Liegt dieser z. B. am Dienstag morgen, dann hat der Auftrag einen Puffer von 1 Arbeitstag. Es gilt also

$$\text{Puffer} = \text{SLT} - \text{FLT}.$$

Abb. 2.6 Auftrags-
netzplan

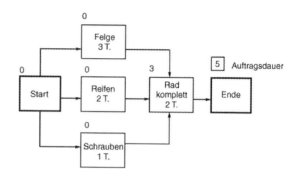

Liegt der späteste vor dem frühesten Liefertermin, ist der Auftrag im Verzug.

Wegen der exakten Ergebnisse der ermittelten Mengen wird das Verfahren zur Bedarfsplanung auch als **deterministische oder plangesteuerte Disposition** bezeichnet.

Die Ermittlung des Teilebedarfs nach der deterministischen Bedarfsermittlung erfolgt im System SAP R/3 automatisch. Für jede Komponente der Stückliste wird der Bedarf ermittelt und Vorschläge zur Bedarfsdeckung in Form von Fertigungsaufträgen (bei Eigenfertigungsteilen) oder Bestellanforderungen (bei Kaufteilen) vorgeschlagen. Hier wird vereinfacht von einem Lagerbestand von 0 bei allen Teilen ausgegangen. Der Bedarf an Reifen wird in den letzten beiden Zeilen in Abb. 2.7 aufgeführt mit jeweils 1000 Stück, also insgesamt 2000. Der Lagerbestand ist 0 (erste Zeile). Zur Bedarfsdeckung entsprechend der Programmplanung (Abb. 2.1) sind somit 2 Bestellanforderungen (2. und 3. Zeile) notwendig. Das Material muss am 26.1. früh verfügbar sein. Die 2 Anforderungen erklären sich aus der im Materialstamm eingetragenen Bestellmenge von 1000. Hier wird der Einkäufer natürlich beide Anforderungen zusammenfassen.

Die deterministische Bedarfsermittlung wird überall dort angewandt, wo eine genaue Materialdisposition angezeigt ist, also bei A- und B-Teilen, d. h. Teilen großen und mittleren Wertes und/oder langer Beschaffungszeit. Die Klassifizierung der Teile erfolgt dabei mit der ABC-Analyse, ergänzt durch die XYZ-Analyse.

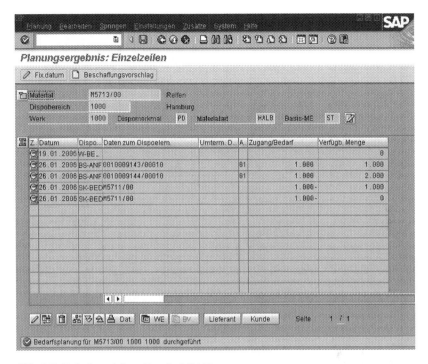

Abb. 2.7 Bedarfsermittlung Einzelteil (SAP)

Beispiel für die ABC-Analyse

Will man die Teile nach dem jährlichen, wertmäßigen Bedarfsvolumen klassifizieren, so ermittelt man für jede Teileposition den Jahresverbrauch und den Wert/Stück.

Teil	Bedarf/Jahr	Wert/Stück €	Beschaffungswert/Jahr €
Reifen	80.000	50	4.000.000
Felgen	80.000	120	9.600.000
Schrauben	320.000	0,5	160.000

Der Jahresbeschaffungswert ist in der rechten Spalte ermittelt.

Man bringt die Teile in eine Reihenfolge nach dem Beschaffungswert/Jahr:

Teil	Bedarf/Jahr	Wert/Stück €	Beschaffungswert/Jahr €
Felgen	80.000	120	9.600.000
Reifen	80.000	50	4.000.000
Schrauben	320.000	0,5	160.000
		Summe	13.760.000

Dann werden 80 % des Jahresbeschaffungswertes errechnet: 80 % von 13.760.000 = 11.008.000 €. Die Jahresbeschaffungswerte werden von oben abgezählt, bis die 11.008.000 € in etwa erreicht sind, dies sind die A-Teile. Im Beispiel erfüllen die Felgen nahezu diesen Wert, sie sind die A-Teile. Anschließend werden 95 % des Jahresbeschaffungswertes abgezählt. Man erhält 13.072.000 €, sie stehen für die A- und B-Teile. Reifen und Felgen zusammen ergeben ungefähr diesen Wert (13.600.000), sie sind A- und B-Teile, die Reifen werden als B-Teil klassifiziert. Der Rest umfasst die C-Teile, die 5 % des Jahresvolumens umfassen, in diesem Fall die Schrauben. Die Teilezahl wurde bewusst klein gehalten, weshalb die Einteilung relativ grob ist. Dies tut dem Zweck der ABC-Analyse, die wichtigen Teile zu bestimmen und die Aktivitäten zu bündeln, keinen Abbruch.

Die XYZ-Analyse teilt die Teile nach ihrem Verbrauchsverhalten und ihrer Prognostizierbarkeit ein in

• X-Teile, d. h. Teile mit konstantem Verbrauch und guter Prognostizierbarkeit
• Y-Teile mit schwankendem Verbrauch, aber guter Prognostizierbarkeit und
• Z-Teile mit schwankendem Verbrauch und schlechter Prognostizierbarkeit

Beispiele sind Sommerreifen für PKWs (X-Teile), Reifen für Motorräder (Y-Teile, da saisonabhängig) und Reifen, die möglicherweise bei einer größeren Rückrufaktion wegen Qualitätsmängel benötigt werden (Z-Teile).

Bei C-Teilen mit X- oder Y-Verhalten wird vielfach die sogenannte **verbrauchsgesteuerte Disposition** angewandt, bei der aufgrund des Verbrauchs der Vergangenheit der zukünftige Teilebedarf prognostiziert wird.

Denkbar für C-Teile ist ferner das sogenannte **Bestellpunktverfahren,** bei dem ein Meldebestand Bmelde im Lagerdiagramm festgelegt und im Materialstamm des ERP-Systems hinterlegt wird. Unterschreitet der aktuelle Bestand diesen Meldebestand, erzeugt das ERP-System automatisch einen Planauftrag, der dann vom

Abb. 2.8 Bestellpunktverfahren

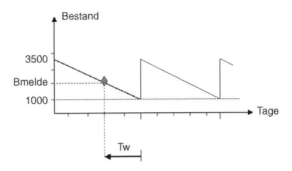

Arbeitsvorbereiter in einen Fertigungsauftrag oder vom Einkäufer in eine Bestellanforderung umgesetzt wird. Der Meldebestand wird dabei ermittelt, indem man vom Anlieferungszeitpunkt mit der geschätzten Wiedereindeckungszeit rückwärts und dann nach oben zur Verbrauchslinie geht (Abb. 2.8).

Die Wiedereindeckungszeit umfasst bei Kaufteilen die Zeiten für Bestellung, Herstellung, Lieferung, Wareneingangsprüfung, Einlagerung.

Beispiel

Beträgt die Wiedereindeckungszeit Tw = 2 Tage, so ermittelt sich der Meldebestand Bmelde mit $1000 + 2 \cdot 500 = 2000$ Stück.

Die Anwendung der Formel setzt voraus, dass Bestellung und Lieferung in derselben Periode erfolgen.

Die **Materialversorgung** der Produktion, also die Auslösung des Nachschubimpulses, kann prinzipiell im Bring- oder im Holprinzip erfolgen.

Beim **Bringprinzip** hat die Disposition die Aufgabe, die aufgrund der Bedarfsermittlung errechneten Materialmengen (z. B. Schrauben) dem Nachfrager (z. B. Montage) bereitzustellen und zu liefern.

Beim **Holprinzip** löst der Nachfrager einen Impuls über benötigte Teile aus, entweder mit einer Karte, seit dem erstmaligen Einsatz bei der Firma Toyota auch als **KANBAN-Verfahren** bezeichnet oder mit einer Anzeigelampe in der Disposition, auch als **ANDON-Verfahren** bekannt. Die Funktionsweise des weit verbreiteten KANBAN-Verfahrens zeigt Abb. 2.9:

Die KANBAN-Karte enthält die Teilenummer, die anfordernde Stelle (z. B. Montage), die liefernde Stelle (z. B. Kleinteilelager) und die angeforderte Men-

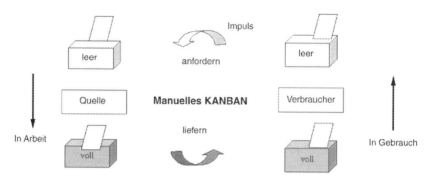

Abb. 2.9 Kanban-Prinzip

ge (vgl. Wildemann 1997 und Geiger 2000). Die erfolgreiche Einführung von KANBAN ist im allgemeinen an folgende Voraussetzungen und Regeln gekoppelt:

- Es darf nur angefordert werden, was benötigt wird (keine Vorratsbildung).
- Keine Weitergabe von Ausschuss, sonst droht ein Abreißen der KANBAN-Kette.
- Die Menge der im Versorgungskreis kursierenden Behälter bestimmt die Materialmenge. Durch schrittweises Reduzieren der Behälterzahl in der Einfahrphase versucht man, den Bestand an Teilen zu reduzieren.
- Die Mitarbeiter müssen gegenüber dem Bringprinzip mehr Verantwortung übernehmen.
- KANBAN erfordert im Regelfall relativ konstante Materialströme, wie sie in der Fertigung größerer Serien gegeben sind. Neuere Anwendungen zeigen allerdings zunehmend die Eignung des KANBAN-Prinzips auch bei Kleinserienfertigung.

Eine moderne Form des KANBAN-Verfahrens lässt sich mit dem **elektronischen KANBAN** im System SAP R/3 realisieren. Anstelle der Karte wird dabei eine Bildschirmtafel mit Behältersymbolen verwendet. Auf die Tafel kann über das betriebsinterne Netz oder über das Internet zugegriffen werden (vgl. Bauer 2012).

KANBAN führt zu wesentlich geringeren Beständen im Lager und in der Fertigung. Ferner werden die Durchlaufzeiten verkürzt. Dies erklärt den weitverbreiteten Einsatz in der Industrie. Auf den Einsatz in der Auftragssteuerung zwischen den einzelnen Maschinen wird in Abschn. 4.2 eingegangen.

Die Lagerung von C-Teilen kann dem Zulieferanten anvertraut werden. Dieser betreibt das Lager beim Kunden und sorgt für den rechtzeitigen Nachschub des Materials. Sobald der Mindestbestand im Lager erreicht wird, wird wieder aufgefüllt (Abb. 2.10).

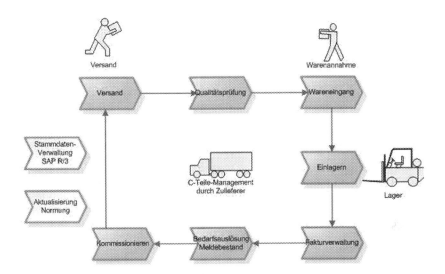

Abb. 2.10 C-Teile-Management (Fa. Würth)

Der Kunde (Verbraucher) der C-Teile wird von laufenden Bestellungen entlastet, der Verwaltungsaufwand im Bestellwesen entfällt weitgehend. Dafür entrichtet der Verbraucher einen etwas höheren Kaufpreis für die C-Teile. Weitere Vorteile ergeben sich durch die vom Lieferanten vorgenommene Stammdatenpflege und Aktualisierung bei Normänderungen. Diese Form der Materialbelieferung wird als **C-Teile-Management** bezeichnet.

2.3 Terminplanung

Die Einhaltung der dem internen oder externen Kunden zugesagten Termine, auch bezeichnet als OTD (On Time Delivery), ist eine zentrale Forderung an die Produktionslogistik. Sie beeinflusst sowohl die Kundenzufriedenheit als auch finanzielle Größen im Unternehmen wie z. B. die Liquidität, die Finanzierung und die Ertragsstärke.

Im Rahmen der Terminplanung werden die Liefertermine aus der Bedarfsermittlung in genaue Starttermine bzw. Endtermine für die einzelnen Arbeitsgänge umgesetzt. Zuvor werden die in der Bedarfsermittlung errechneten Mengen für alle beteiligten Produkte durch Fertigungsaufträge repräsentiert.

Beispiel

Der Hersteller der Kompletträder wird je einen Fertigungsauftrag eröffnen für die Montage der kompletten Räder und die Fertigung der Felgen. (Die Schrauben und die Reifen benötigen keinen Fertigungsauftrag, sondern eine Bestellanforderung, da sie beschafft werden).

Bei der Eröffnung eines Fertigungsauftrages im Organisationstyp der diskreten Fertigung ist die **Losgröße** festzulegen:

Das am häufigsten eingesetzte Verfahren ist die Andler´sche Losgrößenformel. Die optimale Losgröße ergibt sich demnach aus dem Jahresbedarf Bjahr, den Kosten eines Rüstvorganges pro Los Kr, dem Teilewert zum Fertigungszeitpunkt P und dem Lagerkostensatz L% in % pro Jahr mit

$$\mathbf{LOSGRopt} = \sqrt{\mathbf{200 \times Bjahr \times Kr/(PxL\,\%)}}$$

Das Ergebnis ist die kostenminimale Losgröße eines Auftrages, d. h. die Losgröße, bei der die Summe aus Rüstkosten pro Jahr und Lagerkosten pro Jahr ein Minimum annimmt. Die so ermittelte Losgröße wird in den Teilestammsatz übernommen und steht dann als Standardlosgröße für die Fertigung und Disposition zur Verfügung.

Beispiel

Fertigung von Felgen auf einer Stanzanlage. Jahresbedarf 80.000 Stück. Rüstkosten 200 €/Los. Teilewert zum Fertigungszeitpunkt 30 €. Lagerkostensatz 20 %. Die optimale Losgröße

$$LOSGRopt = \sqrt{200 \times 80.000 \times 200/(30 \times 20)} = 2309$$

Zur Vereinfachung werden die errechneten Losgrößen auf- oder abgerundet, damit sich glatte Zahlen ergeben, wobei insbesondere Abweichungen nach oben nur eine vernachlässigbare Kostensteigerung ergeben. Wirtschaftlich wäre hier beispielsweise eine Losgröße von 2500.

Der Lagerkostensatz wird wieder mit ca. 15–20 % pro Jahr angenommen. Er errechnet sich aus den Jahreskosten Klager des Lagers inklusive der Zinsen, bezogen auf das durchschnittlich im Lager gebundene Kapital Kdurch

$$\mathbf{L\,\%} = \mathbf{Klager \cdot 100/Kdurch}$$

Durchläuft das Los mehrere Arbeitsgänge (Fertigungsstufen), so ergibt sich aufgrund der Einflusswerte jeweils eine andere Losgröße. Da jedoch unterschiedliche Losgrößen pro Arbeitsgang kaum praktikabel sind, muss ein Durchschnittswert der Losgröße ermittelt werden (z. B. am mittleren Arbeitsgang). Bessere Ergebnisse erhält man mit der Methode der gleitenden wirtschaftlichen Losgröße oder mit Hilfe von Simulationsverfahren. Grundlage der Terminierung ist das Durchlaufzeitmodell der Fertigung.

Beispiel

Werden 5 Teile eines Loses gefertigt, so liegt der Auftrag zunächst vor der Maschine, bis diese frei wird (Abb. 2.11). Diese Vorliegezeit ist also durch die Warteschlange verursacht. Sie wird üblicherweise geschätzt. Sobald die Maschine frei ist, wird sie für den Auftrag vorbereitet (Aufrüsten). Anschließend werden die 5 Felgen gefertigt. Nach dem Abrüsten liegt der Auftrag, bis der Weitertransport zum nächsten Arbeitsgang (z. B. Montage) erfolgt.

Fasst man die Zeiten für Auf- und Abrüsten zur sogenannten Rüstzeit Tr zusammen und nimmt man für die Fertigungszeiten pro Stück die Variable Te (Zeit/Einheit), so errechnet sich die Durchlaufzeit Td für den Arbeitsgang und die Losgröße LOSGR mit

$$\text{Td} = \text{Tvor} + \text{Tr} + \text{LOSGR} \cdot \text{Te} + \text{Tnach} + \text{Ttrans min/Los}$$

Die Vor- und Nachliegezeiten und die Transportzeiten sind im Arbeitsplatzstamm hinterlegt, die Rüst- und Fertigungszeiten im Arbeitsplan. Die Terminierung erfolgt in Anlehnung an die Methode der Netzplantechnik. Wegen der nun im Vergleich zur Bedarfsterminierung detaillierten Zeitbestandteile wird das Verfahren auch als Feinterminierung bezeichnet.

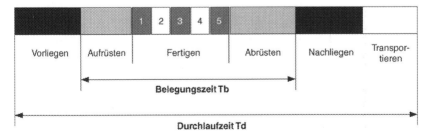

Abb. 2.11 Durchlaufzeitmodell der Fertigung

Beispiel

Ein Auftrag, bestehend aus 5 Werkstücken (Losgröße = 5) durchläuft 4 Arbeitsgänge. Die Zeitdaten laut Arbeitsplan:

AG	Te Min	Tr Min	Tvor Min	Tnach Min	Ttrans Min	Td Std
10	30	30	240	120	60	10
20	10	70	180	120	120	9
30	20	20	240	60	120	9
40	8	20	240	120	60	8
					Summe	36

Die gesamte Auftragsdurchlaufzeit beträgt 36 Stunden. Nimmt man vereinfacht eine verfügbare Kapazität von 8 h pro Tag an (einschichtig, 1 Arbeitsplatz), so erhält man eine Auftragsdurchlaufzeit von 4,5 Arbeitstagen. Ein Beginn am Montag bedeutet dann den Freitag als frühesten Liefertermin. Dieser muss mit dem Wunschtermin (Solltermin) des internen (z. B. Montage) oder externen Kunden abgestimmt werden.

Liegt der Liefertermin später als der vom Kunden gewünschte Solltermin, so sind **Maßnahmen zur Verkürzung der Durchlaufzeit** angezeigt. Es bieten sich an:

Lossplitting:
Die Auftragsstückzahl (Losgröße) wird auf mehrere Maschinen aufgeteilt und somit parallel bearbeitet. Nachteilig sind die nun entstehenden zusätzlichen Rüstkosten.

Überlappende Fertigung:
Der nachfolgende Arbeitsgang beginnt bereits, wenn der Vorgänger noch nicht abgeschlossen ist. Nachteilig ist der organisatorische Aufwand in der Fertigung.

Reduzierung der Vor- und Nachliegezeiten:
Ein dringender Auftrag erhält eine hohe Priorität durch Vergabe einer Prioritätsziffer, beispielsweise von Priorität 0 (geringste Priorität) bis Priorität 9 (höchste Priorität). Er erhält dann Vorrang vor den anderen in der Warteschlange liegenden Aufträgen. Zur Vergabe von Prioritäten sind verschiedene Verfahren im Einsatz. Diese Maßnahme wird auch als Übergangszeitreduzierung bezeichnet. Da die Gefahr einer zu freigiebigen Prioritätsvergabe durch das Planungspersonal besteht, was Prioritäten grundsätzlich unwirksam macht, wird die höchste Priorität nur in Ausnahmefällen vergeben (Chefpriorität).

Erhöhung der Kapazität:
durch Überstunden, Schichtzahlerhöhung, aber auch durch Fremdvergabe. Die Maßnahme ist in der Regel mit Kosten verbunden (Schichtzuschläge, Überstundenzuschläge).

Wirtschaftlichste Maßnahme zur Durchlaufzeitreduzierung ist die Reduzierung der Übergangszeit durch Prioritätsvergabe. Erst wenn diese nicht ausreicht, ist an Lossplitting, überlappende Fertigung und Kapazitätserhöhung zu denken.

Flexible Arbeitszeitmodelle mit Zeitkonten – man spricht dann von der atmenden Fabrik – machen allerdings auch die Kapazitätserhöhung wirtschaftlich.

Die auf dieser Basis errechneten Termine werden vom ERP-System errechnet und im Fertigungsauftrag ausgewiesen. Dazu wird ein Auftrag angelegt, mit der Losgröße versehen und entweder der Liefertermin eingegeben und der Starttermin errechnet (Rückwärtsterminierung) oder der Starttermin eingegeben und der Liefertermin bestimmt (Vorwärtsterminierung). Hier wird Rückwärtsterminierung eingestellt (Abb. 2.12).

Das System SAP R/3 ermittelt anschließend den spätesten Starttermin im Feld *Endtermine Start* (Abb. 2.13).

Am Beispiel der Felge: Der Auftrag startet am 19.1., kommt am gleichen Tag um 8 Uhr auf die Maschine (Terminiert Start) und verlässt die Maschine am 26.1. um 13.53 Uhr. Er steht dann am nächsten Morgen zur Lieferung an das Lager zu anschließenden Montage bereit. Generell kann zum Beginn des Auftrages eine

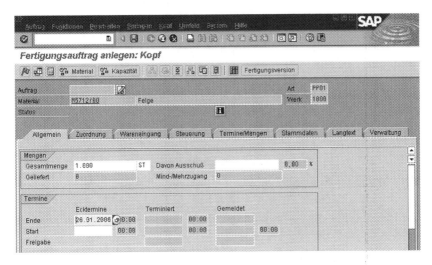

Abb. 2.12 Liefertermin eingegeben (SAP)

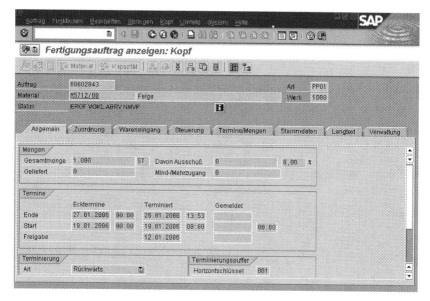

Abb. 2.13 Terminierter Fertigungsauftrag (SAP)

Reservezeit (Vorgriffszeit) und am Ende eine Sicherheitszeit eingerechnet werden,
hier allerdings nicht erfolgt, da der Liefertermin sehr kurzfristig liegt.

In einem Balkendiagramm (GANTT-Grafik) kann der Durchlauf eines Produktes durch die einzelnen Arbeitsplätze übersichtlich dargestellt werden (Abb. 2.14).

Am Beispiel der Felge ist der zeitliche Durchlauf als spätester (oberer, dunkler
Balken) bzw. frühester (unterer) Zeitstrahl dargestellt. In der Zeitskala sind die
Tage eingestellt, bei Bedarf kann hier bis in den Minutenbereich aufgelöst werden.
Eine übertriebene Genauigkeit ist allerdings angesichts der Störgrößen in einer
Produktion nicht sinnvoll. Erkennbar ist wiederum der Fertigstellungstermin im
Verlauf des 26.1.

2.4   Kapazitätsplanung

Die im vorigen Abschnitt beschriebene Terminplanung erfolgt zunächst ohne
Berücksichtigung von Kapazitätsgrenzen, d. h. die Terminplanung erfolgt gegen
unbegrenzte Kapazität. Sind die Arbeitsgangtermine in Einklang mit den Solltermi-
nen des Kunden, erfolgt die Einlastung der Belegungszeiten zum Arbeitsgangstart
(alternativ zum Arbeitsgangende) in den betreffenden Arbeitsplatz (Maschine) mit

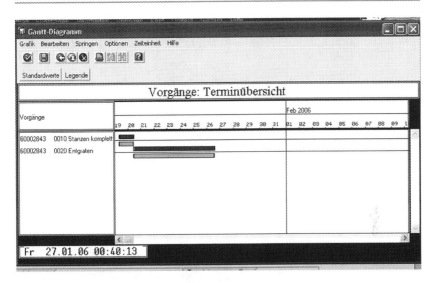

Abb. 2.14 GANTT-Grafik eines Auftragsdurchlaufs (SAP)

$$Tb = Tr + LOSGR \cdot Te \, min/Los$$

Die Kapazitätsplanung (wie auch die Kalkulation) verwendet also die Belegungszeiten, die Terminplanung dagegen die Durchlaufzeiten.

Die Produktionslogistik muss nun prüfen, ob Kapazitätsengpässe auftreten. Hinweise dazu gibt das Kapazitätsdiagramm der betreffenden Maschine (Abb. 2.15).

Es zeigt für jede Woche die Auslastung (dunkle Balken im Diagramm), freie Kapazitäten (hellgrau) und Überlastungen (grau) in den einzelnen Perioden (Wochen). Beispielsweise ist die Maschine A5711/00 in der 3. Woche mit 54 % ausgelastet, gleichfalls in der 4. Woche bei einer Gesamtkapazität von jeweils 40 h/Woche. In den übrigen Wochen ist noch keine Kapazitätsbelegung erfolgt.

Für die Produktionslogistik beginnt jetzt der Prozess der **Kapazitätsfeinplanung**, d. h. der Anpassung von Kapazitätsangebot der Maschine an den Kapazitätsbedarf aus den Fertigungsaufträgen, auch als Glätten des Kapazitätsgebirges bezeichnet. Geeignete Maßnahmen:

- **Verschieben von Aufträgen** mit geringer Priorität nach hinten in Kapazitätstäler.

- **Erhöhen des Kapazitätsangebotes** durch Überstunden, zusätzliche Schichten, Fremdvergabe (vgl. 2.3).

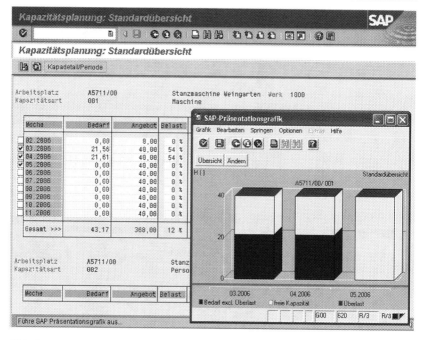

Abb. 2.15 Kapazitätsauslastung einer Maschine (SAP)

- **Ausweichen auf andere Maschinen** innerhalb des Unternehmens oder auf Fremdvergabe (vgl. 2.3).

Die erste Maßnahme ist, wie bei der Durchlaufzeitverkürzung, auch hier die wirtschaftlichste Alternative. Erhöhen der Kapazität einer Maschine ist dagegen mit Zuschlägen verbunden und deshalb kostenintensiv. Das Ausweichen auf andere Maschinen führt u. U. zu höheren Fertigungs- und Verwaltungskosten.

Ein Hilfsmittel bei der Durchsetzung der Kapazitätsfeinplanung ist der elektronische Leitstand (vgl. Bauer 2012).

2.5 Rückmeldung und Betriebsdatenerfassung

Aufgabe der Betriebsdatenerfassung (BDE) ist die zeitgerechte Rückmeldung von Betriebsdaten an das ERP-System. Mit dieser Rückmeldung kann die Produktionslogistik rasch auf Störgrößen (Maschinenausfälle, Ausschuss, Terminüberschreitungen) reagieren. Die Produktionssteuerung wird so zur Produktionsregelung.

Zurückgemeldet werden folgende Betriebsdaten:

- Auftragsdaten: Auftragsnummer, Beginn oder Ende eines Auftrages, Gutstückzahl bzw. Ausschuss.
- Arbeitsgangdaten: Beginn bzw. Ende, Gutmenge, Ausschuss, Ausschussursachen
- Maschinendaten: Maschinennummer, Ausfall bzw. Inbetriebnahme
- Personaldaten: Werkernummer, Ausfall bzw. Wiederantritt.

Die Rückmeldung kann direkt im ERP-System erfolgen (Abb. 2.16).

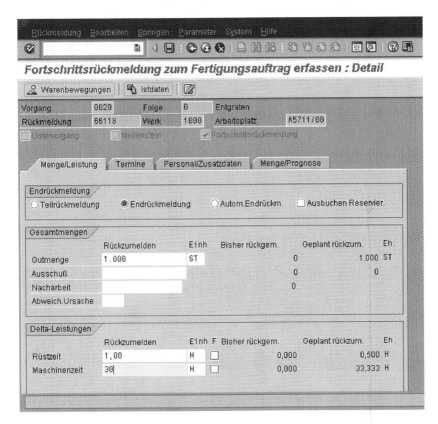

Abb. 2.16 Rückmeldung im ERP-System (SAP)

Abb. 2.17 BDE-Terminal
(Kaba-Benzing)

Beispiel

Die Istzeiten betragen 1 h für das Rüsten (geplant: 0,5 Std) und 30 h für das Fertigen (geplant 33,33 Std).

Durch spezielle BDE-Terminals (Abb. 2.17), platziert in der Produktion, lässt sich die Eingabe vereinfachen. Dazu wird die Auftragsnummer auf dem Arbeitsplan (Laufkarte) als Barcode aufgedruckt und kann dann mit einem Barcodeleser im BDE-Terminal automatisch gelesen werden. Die Werkernummer wird vom Firmenausweis abgelesen, die Stückzahlen dagegen über die Tastatur eingegeben. Diese vereinfachte Bedienung wird allerdings mit erhöhten Investitionen für die BDE-Terminals und deren Vernetzung erkauft.

2.6 Materialfluss im Fertigungsprozess

Verbunden mit der Auftragsabwicklung finden lagerwirtschaftliche Prozesse statt. So sind nach Freigabe des Fertigungsauftrages die benötigten Inputmaterialien aus dem Lager zu entnehmen.

Beispiel

Für die Fertigung von 1000 Felgen auf der Stanzmaschine wird laut Stückliste in Bild 12 500 kg Bandstahl benötigt.

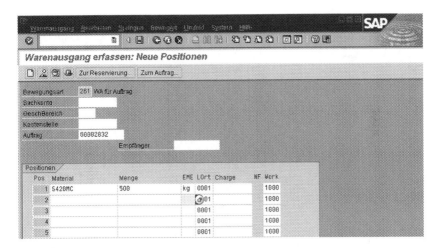

Abb. 2.18 Materialentnahme für Auftrag (SAP)

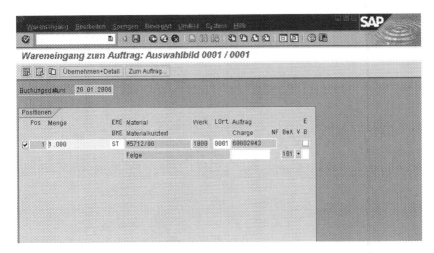

Abb. 2.19 Wareneingang im Lager (SAP)

Die Entnahme erfolgt im System R/3 mit dem Modul MM (Material Management) oder im Modul PP (Production Planning). Dazu wird die benötigte Menge auf die Auftragsnummer verbucht (Abb. 2.18).

Nach Rückmeldung des Auftrages erfolgt die Verbuchung der Teile als Wareneingang im Lager (Abb. 2.19).

Die korrekte Verbuchung der Materialentnahmen und -zugänge ist Voraussetzung für aktuelle Lagerbestände. Undokumentierte Entnahmen oder Zugänge sind eine Hauptursache von Störungen in der Auftragsabwicklung. Ferner hängt die Zusage von Lieferterminen an Kunden von der Lieferfähigkeit des Lagers ab.

Supply Chain Management 3

Die Produktionslogistik hat im Rahmen der Materialbeschaffung und der Belieferung von externen Kunden vielfältige Beziehungen zu Lieferanten und Kunden. Im Ansatz des Supply Chain Managements (Lieferkettenmanagement), kurz auch als SCM bezeichnet, versucht man, sowohl Lieferanten als auch Kunden in die gesamte Logistikplanung zu integrieren. SCM umfasst dabei vor allem folgende Aufgaben:

- **Bedarfs- und Bestandsplanung** der Materialien entlang der Lieferkette
- **Kapazitäts- und Terminplanung** für alle in der Lieferkette vorhandenen Arbeitsplätze
- **Transportplanung** für die Lieferkette
- **Prüfung der Verfügbarkeit** eines vom Kunden angefragten Materials in der gesamten Lieferkette (ATP = available to promise)

Beispiele für die Arbeitsweise im SCM

Die beim PKW-Hersteller vorhandenen Lagerbestände an Komletträdern werden sowohl dem Radhersteller als auch dem Lieferanten der Radmuttern ohne Zeitverzug mitgeteilt bzw. verfügbar gemacht. Letztere können ihre Programmplanung zeitaktuell darauf abstimmen.

Der Lieferant der Schrauben und der Hersteller der Kompletträder haben Zugriff auf die Absatzplanung des PKW-Herstellers. Steigert dieser seine Absatzstückzahlen, können die anderen Beteiligten in der Lieferkette sofort reagieren.

Hat der PKW-Hersteller einen kurzfristigen Bedarf an Kompletträdern, kann innerhalb der Lieferkette in allen Lägern nach Teilen gesucht werden, um den Bedarf zu decken. Das am nächsten liegende Lager deckt dann den Bedarf.

J. Bauer, *Produktionslogistik/Produktionssteuerung kompakt*, essentials,
DOI 10.1007/978-3-658-05582-0_3, © Springer Fachmedien Wiesbaden 2014

Ein Transport vom Lager A des Radherstellers zum PKW-Hersteller kann mit einem Transport z. B. des Lieferanten der Schrauben zusammengelegt werden. So lassen sich Transportkosten einsparen.

Die Unternehmen in der Lieferkette werden wie ein virtuelles (scheinbares) Gesamtunternehmen behandelt und gesteuert. Die in 1.2 genannten Funktionen beziehen sich in gleicher Weise auch auf dieses virtuelle Unternehmen. Unterstützt wird dies durch spezielle SCM-Software, beispielsweise die SCM-Software APO (Advanced Planner and Optimizer) der SAP AG. Die Planungsergebnisse werden allen Beteiligten zeitaktuell zugänglich gemacht. Allerdings erfolgt die Planung in der Lieferkette mit gröberen Daten als im ERP-System. Statt einzelner Produkte werden in der Lieferkette Produktgruppen, statt einzelner Maschinen Maschinengruppen bzw. Werke beplant.

Die Ergebnisse der Lieferkettenplanung gehen dann als Informationen in die ERP-Systeme des Lieferanten, des Herstellers und des Kunden ein und werden dort auf den einzelnen Betrieb heruntergebrochen.

Grundvoraussetzung für das Funktionieren von SCM ist eine leistungsfähige Internetanbindung der Unternehmen und die Bereitschaft, seine innerbetrieblichen Planungsdaten offenzulegen.

Die Hauptvorteile von SCM:

• Kürzere Durchlaufzeiten
• Bessere Termineinhaltung
• Geringere Bestände und Lagerkosten
• Bessere Kapazitätsausnutzung
• Geringere Transportkosten.

SCM erfordert allerdings stabile und verlässliche Beziehungen zu Lieferanten und Kunden. Unzuverlässige Lieferanten werden abgelehnt, was letztlich zu einer Konzentration auf wenige Hauptlieferanten führt (Lieferantenkonzentration).

Spezielle Steuerungsmethoden in der Produktionslogistik

4

4.1 KANBAN-Fertigung

Die in der Materialversorgung dargestellte KANBAN-Steuerung kann gleichermaßen zur Auftragssteuerung innerhalb der Fertigung angewandt werden.

Zwischen Vorgänger- und Nachfolgerarbeitsplatz (das können auch ganze Arbeitsplatzgruppen sein) wird dazu ein KANBAN-Regelkreis eingerichtet. Der Nachfolgerarbeitsplatz fordert die benötigten Teile, wie bereits in 2.2.2 beschrieben, mit der KANBAN-Karte an. Der Nachfrageimpuls beginnt dabei im Versandlager (Abb. 4.1, rechts). Von dort geht eine KANBAN-Karte mit leerem Behälter (Nummer 1) an die Montage, dieser wird aufgefüllt und wieder an den Absender transportiert. Die Montage fordert ihrerseits Teile von den vorhergehenden Arbeitsplätzen an (Regelkreis 2). Der Versand zieht also die geforderte Menge aus der Fertigung. Hieraus erklärt sich die Bezeichnung *Pull–Prinzip*.

Da der Impuls zur Fertigung einer Serie vom Vertrieb bzw. vom Kunden ausgeht, bezeichnet man dies auch als **production on demand** (Fertigung auf Anforderung). Die Nummern in den Behältersymbolen stehen für den jeweiligen Regelkreis.

4.2 Belastungsorientierte Auftragsfreigabe

Der Grundgedanke der **belastungsorientierte Auftragsfreigabe** (BOA) geht von der Erkenntnis aus, in die lange Warteschlange einer stark belegten Maschine nicht noch weitere Aufträge einzureihen (vgl. Wiendahl 1992). Dazu legt man vorher pro Maschine eine Belastungsgrenze fest. Überschreiten die Belegungszeiten der wartenden Aufträge und des gerade bearbeiteten diese Belastungsgrenze, werden keine neuen Aufträge freigegeben, sie verbleiben quasi im Planungsbestand

J. Bauer, *Produktionslogistik/Produktionssteuerung kompakt*, essentials,
DOI 10.1007/978-3-658-05582-0_4, © Springer Fachmedien Wiesbaden 2014

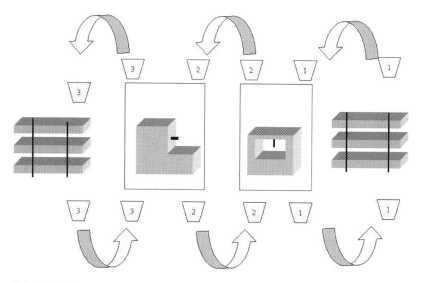

Abb. 4.1 KANBAN-Fertigung

(*in der Schublade*) des Logistikers. BOA führt zu einer Reduzierung der Durchlaufzeit (die ja mit dem Eintreffen in der Warteschlange beginnt) und schont die liquiden Mittel durch späteren Kauf von Material, Vorfinanzierung der Löhne und weiterer Kosten. Zur Festlegung der Belastungsgrenze siehe z. B. Wiendahl 1992 und Bauer 2012.

4.3 Steuerung mit Fortschrittszahlen

Die Steuerung mit Fortschrittszahlen ist ein vereinfachtes Steuerungsverfahren, das insbesondere zwischen PKW-Herstellern und ihren Zulieferanten verwendet wird. Beide Partner führen ein Fortschrittszahlendiagramm, in dem der Lieferant seine gefertigten Stückzahlen kumuliert (Iststückzahl). Die vom PKW-Hersteller bestellten Stückzahlen werden gleichfalls kumuliert eingetragen. Zwischen beiden Partnern wird ein fester Mengenrückstand vereinbart (Abstand zwischen Soll- und Iststückzahl), der möglicht eingehalten werden soll. Wird der Abstand zwischen Soll- und Istzahl größer, reagiert das Lieferunternehmen mit einer Erhöhung der Produktionsstückzahl und umgekehrt.

Beispiel

Der PKW-Hersteller (Kunde) ruft folgende Mengen ab:

	Bestellt (Soll)	Gefertigt (Ist)
Montag	1000	0
Dienstag	500	500
Mittwoch	1000	500
Donnerstag	1100	1000
Freitag	400	600

Die kumulierten Stückzahlen ergeben die Sollfortschrittszahlen (Abb. 4.2). Die produzierten und gelieferten Stückzahlen werden mit einem Tag Zeitrückstand laut Istfortschrittszahlenkurve erfasst. Der Mengenrückstand wird laufend überwacht, die gefertigte Stückzahl gegebenenfalls angepasst.

Anstatt eines Mengenrückstandes kann auch ein Mengenvorlauf (Istmenge liegt über Sollmenge) vereinbart werden.

Der Hauptvorteil der Fortschrittszahlensteuerung liegt in der einfachen Auftragssteuerung beim Lieferanten. Das Verfahren setzt allerdings möglichst gleichmäßige Mengenströme und verlässliche Beziehungen zwischen Lieferant und Besteller voraus, wie sie in der Automobilindustrie gegeben sind.

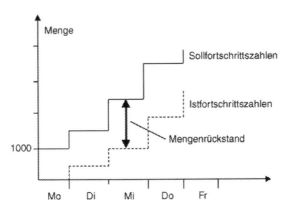

Abb. 4.2 Fortschrittszahlensteuerung

Kostenüberwachung und Wirtschaftlichkeitsrechnung

5

5.1 Produktkalkulation

Die ERP-Produktkalkulation erfolgt auf der Basis des Mengen- und Wertgerüsts der Produktionsprozesse. Sie greift dabei auf die Stammdaten (Materialstamm, Arbeitsplätze, Arbeitspläne, Stücklisten) zu. Basis ist die übliche Industriekalkulation in der Form einer Zuschlagskalkulation, ergänzt durch Platzkostensätze der Maschinen und Arbeitsplätze (vgl. Bauer/Hayessen 2006).

Die für die Kalkulation verwendeten Platzkostensätze (Tarife) sind Ergebnis der Kostenplanung, die hier nicht behandelt wird (vgl. Bauer 2012). Die Kaufteile gehen mit dem im Materialstamm festgelegten Standardpreis in die Kalkulation ein (Abb. 5.1).

Die Ausgabe kann in Form unterschiedlicher Kalkulationen erfolgen. So sind Vollkosten-, Teilkosten-, Alternativ- und Staffelkalkulationen mit demselben Ausgangsdatenbestand möglich. Mitlaufende Kalkulationen werden während der Entstehungszeit von größeren Anlagen durchgeführt, um die Kosten laufend zu überwachen.

Die Produktkalkulation mit Mengengerüst liefert die Plankosten des Produktes.

Beispiel

Es soll die Felge kalkuliert werden. Die Herstellkosten bei einer Fertigung von 1000 Stück (Losgröße) betragen 26.906 €/Los, d. h. ca. 26,91 €/Stück (Abb. 5.2, Summenzeile). Die Herstellkosten setzen sich zusammen aus:

- Position 1 bewertet für Arbeitsgang 1 die Rüstzeit aus dem Arbeitsplan mit dem Stundensatz des Arbeitsplatzes.
- Position 2 ergibt sich aus der Maschinenzeit (Fertigungszeit) des Arbeitsganges 1 und dem Stundensatz, gerechnet für die Losgröße von 1000.

J. Bauer, *Produktionslogistik/Produktionssteuerung kompakt*, essentials, DOI 10.1007/978-3-658-05582-0_5, © Springer Fachmedien Wiesbaden 2014

Abb. 5.1 Mengengerüst der Produktkalkulation mit ERP

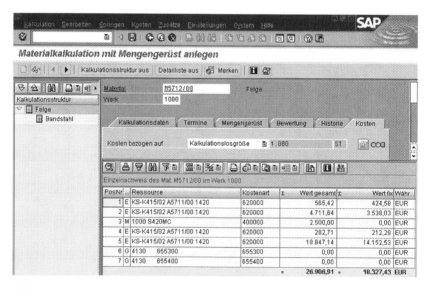

Abb. 5.2 Produktkalkulation Felge (SAP)

- Position 3 betrifft die Kosten für das Stahlblech in der Menge aus der Stückliste multipliziert mit dem kg-Preis.
- Position 4 und 5 sind die Kosten des Arbeitsganges 2 (siehe Arbeitsplan).

5.2 Wirtschaftlichkeitsrechnung

Die Produktkalkulation liefert die Entscheidungsdaten für die optimale Verfahrenswahl, für die optimale Losgröße und für make or buy-Entscheidungen.

Bestehen werksintern Alternativen zum bestehenden Produktionsverfahren, so kann die Herstellkostenkalkulation zur Verfahrensoptimierung eingesetzt werden (siehe Bauer 2012).

Beispiel

Kann die Felge auch auf einer **gleichfalls vorhanden** Laserschneidanlage gefertigt werden und betragen die Fertigungskosten laut SAP-Kalkulation in den ersten beiden Zeilen zusammen 5400 €/Los bei gleicher Losgröße und davon 4300 € als fixe Kosten, so erfolgt ein Vergleich der variablen Kosten:

Kvar (Laseranlage) = Kges − Kfix = 5400 − 4300 = 1100 €/Los

Kvar (Stanzmaschine) = (565,42 + 4711,64) − (424,50 + 3538) = 1305 €/Los

Die Fertigung auf der Laseranlage ist somit wirtschaftlicher. Dabei gilt die Prämisse, dass durch den Verfahrensvergleich die Fixkosten nicht beeinflusst werden.

Bei **zu beschaffenden Maschinen** sind die vollen Kosten zu vergleichen (siehe Bauer und Hayessen 2006). Müssten also beide Maschinen erst beschafft werden, so werden durch die Verfahrenswahl auch fixe Kosten (Abschreibung, Zinsen usw.) beeinflusst.

Dann gilt im Beispiel:

Kges (Laseranlage) = 5400 und Kges (Stanzmaschine) = 5277 €/Los. Die Stanzmaschine wäre wirtschaftlicher und damit zu beschaffen, sofern nur solche Produkte mit vergleichbarer Kostenstruktur gefertigt werden.

Zu erwähnen ist, dass die Beschaffung von Maschinen auch durch eine Investitionsrechnung abzusichern wäre.

Neben der Verfahrenswahl ist häufig auch die Frage **Eigenfertigung oder Fremdbezug** zu entscheiden. Bleiben die Fixkosten bei Fremdvergabe unbeeinflusst, muss der Fremdlieferant unsere variablen Kosten unterbieten, um den Zuschlag zu erhalten. Er müsste also günstiger anbieten als 1305 €/Los entsprechend 1,3 €/Stück.

In allen Entscheidungsfällen erweist sich die ERP-Kalkulation als unverzichtbares Hilfsmittel.

Logistikcontrolling

6

Der Produktionsvollzug in Form der Auftragsabwicklung ist zu überwachen, eine Aufgabe, die im engeren Sinne als Logistikcontrolling bezeichnet werden kann Dazu wird eine Instanz *Produktionscontrolling* z. B. als Stabstelle bei der Produktionsleitung oder beim Controlling des Unternehmens geschaffen. Das Controlling ist dabei keinesfalls nur als Kontrolle zu verstehen. Vielmehr ist diese Stelle aktiv an der Planung optimaler Abläufe in der Produktion beteiligt.
Folgende Aufgaben werden dem Produktionscontrolling zugewiesen:

* Termin- und Durchlaufzeitcontrolling.
* Kapazitätscontrolling.
* Bestandscontrolling.
* Kosten- und Wirtschaftlichkeitscontrolling

Leistungsfähige ERP-Systeme stellen Informationen zur Beurteilung der Auftragsabwicklung zur Verfügung. Beispiel hierfür ist das Produktionsinformationssystem im ERP-System R/3 von SAP (Bauer 2012).

6.1 Durchlaufzeitcontrolling

Beispiel

Für Werk Hamburg und Monat 01/06 soll eine Statistik über die Soll- uns Ist-Durchlaufzeiten erstellt werden. Die Statistik soll zusätzlich die Auslastung des Werkes enthalten.

J. Bauer, *Produktionslogistik/Produktionssteuerung kompakt,* essentials,
DOI 10.1007/978-3-658-05582-0_6, © Springer Fachmedien Wiesbaden 2014

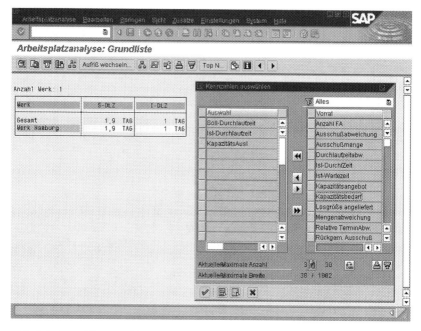

Abb. 6.1 Auswahl Kennzahlen (SAP)

Die Kennzahlen werden dazu aus einem Vorrat (Abb. 6.1 rechts) ausgewählt und in die geplante Auswertung (Tabelle Mitte) übernommen.

Das gewünschte Ergebnis zeigt Abb. 6.2 als Tabelle und Grafik.

Es ergibt sich eine Unterschreitung der Soll-Durchlaufzeiten (S-DLZ). Der Vergleich der Durchlaufzeiten mit der Auslastung, die hier noch sehr niedrig ist, kann durchaus sinnvoll sein: Bei hoher Auslastung steigen die Wartezeiten vor den Maschinen, somit auch die Ist-Durchlaufzeiten und umgekehrt.

Das Fertigungsinformationssystem in SAP R/3 ist Teil eines umfassenden Logistikinformationssystem (LIS). Damit erhält die Unternehmensleitung ein wirksames Instrument zur Unternehmensführung und zur Rationalisierung der betrieblichen Logistik (vgl. Bauer und Hayessen 2006).

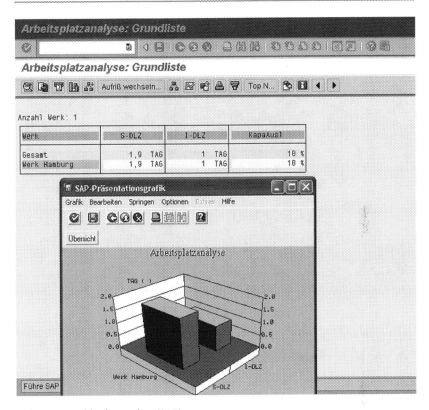

Abb. 6.2 Durchlaufzeitanalyse (SAP)

6.2 Lagercontrolling

Im LIS enthalten ist das Bestandsinformationssystem. Damit kann die Bestandsführung in den Lägern auf Effektivität überprüft werden.

Beispiel

Die Bestände im Lager 0001 sollen nach den Kennzahlen Zugang, Abgang, Umschlagshäufigkeit analysiert werden.

Abb. 6.3 Bestandsanalyse
(SAP)

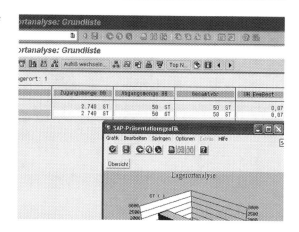

Die Ergebnisliste zeigt einen im Verhältnis zum Zugang geringen Verbrauch und eine sehr niedrige Umschlagshäufigkeit von 0,07. Letzte gibt Anlass für kritische Fragen an die Produktions- und Materialwirtschaft (Abb. 6.3).

6.3 Auftragskontrolle

Mit Hilfe der rückgemeldeten Istzeiten errechnet das System die Istkosten des Fertigungsauftrages und vergleicht diese mit den Plankosten laut Kalkulation. Die Fertigungsleitung erkennt anhand der Abweichungen, ob der Auftrag wirtschaftlich abgewickelt wurde.

Beispiel

Die Rückmeldungen in Abb. 2.16 ergeben insgesamt eine Kosteneinsparung (Abb. 6.4).

Die Istkosten betragen 22.805 €/Auftrag, die Plankosten 24.407 €. Die Kosteneinsparung beträgt 1601 € (Abb. 6.4, Plan-Ist-Abweichung).

Abb. 6.4 Kostenkontrolle
Auftrag (SAP)

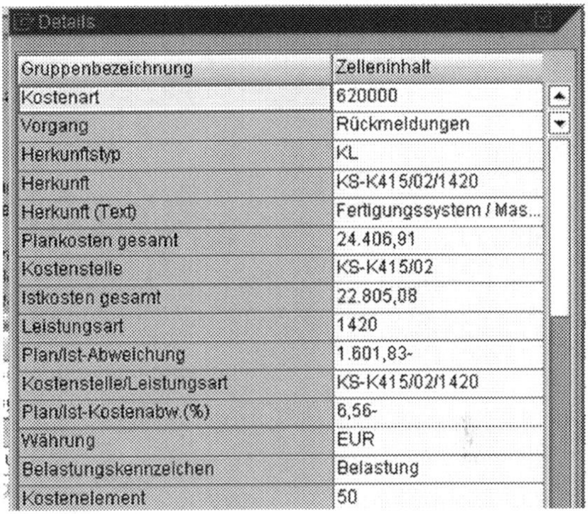

Details	
Gruppenbezeichnung	Zelleninhalt
Kostenart	620000
Vorgang	Rückmeldungen
Herkunftstyp	KL
Herkunft	KS-K415/02/1420
Herkunft (Text)	Fertigungssystem / Mas...
Plankosten gesamt	24.406,91
Kostenstelle	KS-K415/02
Istkosten gesamt	22.805,08
Leistungsart	1420
Plan/Ist-Abweichung	1.601,83-
Kostenstelle/Leistungsart	KS-K415/02/1420
Plan/Ist-Kostenabw.(%)	6,56-
Währung	EUR
Belastungskennzeichen	Belastung
Kostenelement	50

Literatur

Bauer, J.: Shop-Floor-Controlling, Prozessorientiertes Controlling zur Sicherung einer wett-bewerbsfähigen Produktion. Zeitschrift für Unternehmensentwicklung und Industrial Engineering 1/2002 (2002)

Bauer, J.: Produktionscontrolling mit SAP®-Systemen – Effizientes Controlling, Logistik- und Kostenmanagement moderner Produktionssysteme. Vieweg, Wiesbaden (2012)

Bauer, J., Hayessen, E.: Controlling für Industriebetriebe, eine Einführung für Management und Studium. Wiesbaden (2006)

Bauer, J., Hayessen, E.: 100 Produktionskennzahlen, Wiesbaden 2009

Geiger, G., Hering, E., Kummer, R.: Kanban. Optimale Steuerung von Prozessen. Hanser, München (2000)

Glaser, H., Geiger, W., Rohde, V.: PPS-Produktionsplanung und -steuerung. Gabler, Wiesbaden (1991)

Hahn, D., Lassmann, G.: Produktionswirtschaft, Controlling industrieller Produktion, Bd. 1, 2. Heidelberg (1999)

Kaplan, R., Norton, D.: Balanced Scorecard. Harvard Business Press, Boston (1996)

Porter, M.: Wettbewerbsstrategie. Frankfurt a. M. (1992)

Schuh,G. (Hrsg), Stich,V.: Produktionsplanung und -steuerung I und II, Wiesbaden 2012

Teufel, T., Röhricht, J., Willems, P.: SAP®-Prozesse: Planung, Beschaffung und Produktion. Addison-Wesley, München (2000)

Wiendahl, H.P. (Hrsg.): Anwendung der Belastungsorientierten Fertigungssteuerung. Gabler, München (1992)

Wildemann, H: Flexible Werkstattsteuerung, Computergestütztes Produktionsmanagement. München (1984)

Wildemann, H.: Produktionscontrolling, Systemorientiertes Controlling schlanker Unter-nehmensstrukturen. München (1997)

Weiterführende Literatur

www.produktionscontrolling.com
www.wirtschaftsprof.de

Sachverzeichnis

A
ABC-Analyse, 24
ANDON-Verfahren, 27
Arbeitsplan, 14
Arbeitsplatz, 12
Artikelstamm, 12
Auftragsfreigabe, belastungsorientierte, 43

B
BDE-Terminal, 38
Bedarfsermittlung, 21
Bedarfsterminierung, 22
Bestandsinformationssystem, 53
Bestandsplanung, 18
Bestellpunktverfahren, 26
Betriebsdatenerfassung, 36
Bewegungsdaten, 15

C
C-Teile-Management, 29

D
Dilemma der Materialwirtschaft, 4
Durchlaufzeit, 31
    Verkürzung, 32

E
ERP-Produktkalkulation, 47
ERP-System, 8

F
Fertigungsinformationssystem, 52
Fertigungssegment, 6
Fertigungssystem, agiles, 6
Fortschrittszahl, 44

G
GANTT-Grafik, 34

J
Just-in-time-Anlieferung, 20

K
KANBAN
    elektronisches, 28
    Steuerung, 43
    Verfahren, 27
Kapazitätsplanung, 35

L
Losgröße, optimale, 30

M
Materialwirtschaft, 4

O
Organisationstypen, 4

J. Bauer, *Produktionslogistik/Produktionssteuerung kompakt*, essentials,
DOI 10.1007/978-3-658-05582-0, © Springer Fachmedien Wiesbaden 2014

P
Plankalkulation, 47
PPS-System, 8
Primärbedarf, 17
Production on demand, 43
Produktionscontrolling, 51
Produktionslogistik, Hauptaufgaben, 2
Produktionsprogramm, 17

S
Stückliste, 12
Supply Chain Management, 41

V
Verfahrenswahl, optimale, 49

W
Werkstattprinzip, 5

X
XYZ-Analyse, 24